地理未解之謎

植物大戰殭屍2
未解之謎漫畫

笑江南 編繪

中華教育

菜問

向日葵

紅針花

榴槤

火炬樹樁

豌豆射手

大嘴花

高堅果

稜鏡草

堅果

殭屍博士

海盜船長殭屍

海盜殭屍

騎牛小鬼殭屍

飛機頭殭屍

功夫氣功殭屍

海盜小鬼殭屍

導　讀

　　山的那邊、海的對岸是甚麼？地震到底是怎麼回事？冰川是怎麼形成的？……人類自誕生以來，一直沒有停止探索的腳步。可以想像，我們的祖先第一次越過高山看見海洋時是何等興奮，第一次看見火山噴發時有多麼驚恐，第一次經歷地震時有多麼絕望，第一次看見冰川時有多麼震驚！經歷了這些興奮、驚恐、絕望、震驚，人類的探索腳步愈邁愈大，認知的世界愈來愈廣，積累的知識愈來愈多。作為人類最古老的學科之一，地理學集成了人類在探索自然世界中積累的知識，並指引着人們如何與賴以生存的自然環境和諧共生，持續發展，一度被稱為「科學之母」。

　　作為一門關注地球表層環境、研究人地關係的學科，地理學既包括自然地理分支，比如水文、氣象、植物、土壤和地形地貌等，也包括人文地理分支，比如工業、農業、文化和城市等。它集成了前人對地球的探索成果，更指引我們思索人類和自然的關係。掌握豐富的地理知識，不僅能開闊我們的眼界，增加我們的見識，更能幫助我們獲得人與自然和諧相處、共生發展的智慧。

　　經過世代的積累和探索，我們已經掌握了很多有關地球這個藍色星球的知識，但仍然有很多謎團，等待着今天的小朋友，也就是未來的科學家們，去探索、去挑戰。在這本書裏，你們熟悉的植物和殭屍們，會在一個個令人捧腹的故事中，告訴你們很多很多今天還沒有解開的謎團。奇怪的形狀、奇怪的聲音、奇怪的顏色、奇怪的國度、奇怪的雨、奇怪的火、奇怪的電……小朋友們，你們是不是也像菜問、豌豆射手、堅果、殭屍博士和海盜殭屍一樣充滿好奇，願意和他們一起去探索這些謎團？

北京大學地球與空間科學學院副教授　田原

目　錄

CONTENTS

目錄

CONTENTS 目 錄

為甚麼百慕達被稱為「魔鬼三角區」？

我剛剛看了一本書，上面說向西行駛就能找到寶藏！

馬上掉轉船頭，向西行駛！

這跟您之前規定的航線不一樣啊。

您發現《海盜尋寶指南》了？

不，是本星座書。上面說我這個星座的人今天宜向西走。

奇怪，這條航線跟我們平時走的不一樣啊。

船長剛下了命令，讓我們往西走。

啊？

從這兒向西，是可怕的百慕達三角。

我要去阻止船長，讓他不要這麼做。

怎麼了呀？

百慕達三角位於大西洋西側百慕達羣島、美國邁阿密和波多黎各島之間。那裏的天氣詭異多變，傳說許多途經此處的飛機、海船都神祕消失了。

由於那兒發生了太多靈異事件，人們將那裏稱為「魔鬼三角」！

那兒有魔鬼？

也不一定真有魔鬼啦，科學家為了解釋「百慕達之謎」曾經提出過很多假說。

有人提出，百慕達三角的海牀底部儲存着大量的甲烷結晶，當海底發生地震時，這些甲烷結晶會釋放出大量氣泡，致使水的密度變小，造成船隻沉沒。

還有人提出，那片海域曾落入一顆巨大的隕石，它發出的磁力能使飛機和輪船的導航系統失靈。

為了保證我們的安全，我一定要勸船長別進入百慕達三角區。

船長這麼迷信，肯定不會聽你的勸告。

那我也要去試一試！

他真勇敢。

我回來了。

怎麼樣？

船長聽了我的話後，送了我兩個東西。

沒想到船長不但聽進了勸告，還獎勵了你！

他覺得我在質疑他的權威，當場送了這兩個東西給我。

怎麼辦哪！再這樣下去，我們肯定會遇難的！

讓我去找船長談談吧。

別去！船長不會因為你是小孩而手下留情的！

沒事，我有祕密武器，保證船長不會揍我。

甚麼祕密武器？

賣萌。

過了一會兒

我回來啦！

船長取消向西航行的命令了。

你是怎麼讓他改變主意的？

我提醒了他一件事。

甚麼事？難道是歷年發生在「魔鬼三角」的事故記錄？

不，我告訴他那本星座雜誌過期了。

兩本星座書上的建議怎麼是相反的？

除了「甲烷氣泡説」和「黑洞説」，科學家還提出了「磁場説」、「水橋説」等多種假説，試圖解開百慕達三角之謎。「磁場説」認為，百慕達三角的海牀底部有一個巨大的磁場，致使途經這裏的船隻和飛機失事。「水橋説」認為這裏有一股跟海面潮水流向相反的潛流，它是導致海難發生的罪魁禍首。不過，也有科學家認為，除了肆虐的颶風，這裏並不比其他海域更危險，一些所謂「神祕事件」不過是編造的謠言。

海洋真的存在「無底洞」嗎？

你這是要去哪兒呀？

去參加探險隊活動。

聽說在希臘克法利尼亞島附近的海域，有一個「無底洞」，這個洞每天吸入大量的海水，從來沒有被灌滿過！

我們探險隊準備去探祕海上「無底洞」！

還有這麼奇怪的事呀？

是呀，報紙上說曾經有一支科研隊專門到那兒，將一些塑膠小顆粒投擲進去，結果那些塑膠顆粒被旋入水中後再也沒有出現過。

為甚麼把你趕下來呀？

我上飛機前吃了蒜醬炒麵，他們嫌我口氣大！

是挺大的。

我好想去看「無底洞」。

你來我家看吧。

你家也有「無底洞」嗎？

當然有啦。

你看他的胃，像不像「無底洞」？

吸溜

撲通

還有可以吃的東西嗎？

論「身體無底洞」之謎。

大海中是否存在「無底洞」？如果存在，它們的入口在哪里？內部是怎樣的？這些問題引來許多紛爭。據説，在印度洋北部海域和希臘克法利尼亞島的附近海域，都發現了「無底洞」，不過目前的資料並不能證明它們沒有盡頭。有人認為，所謂的海洋「無底洞」可能是巨大的漩渦，它的底部是一個或幾個狹長的岩洞，由於深度很深，壓強很大，海水進入後就從這個洞流向了壓強更小的地方。

伯利茲藍洞
和瑪雅文明衰落
有關嗎？

嗨喲！
嗨喲！

你怎麼這麼早就起來跑步呀？

能給我打盆水嗎？

好哇。

現在流行這樣洗臉嗎？

水來了，你洗一洗臉吧。

你這是在幹嗎呀？

我要鍛煉肺活量，參加潛水培訓班的入班測試！

我想去伯利茲藍洞潛水！

那是甚麼地方？

那是位於洪都拉斯首都伯利茲城附近，它的水質清澈，還經常有鯊魚出沒，是潛水高手們一生必去的地方之一。

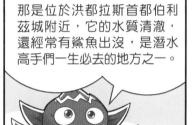

據說伯利茲藍洞還和瑪雅文明的衰落有關呢。

它們兩個之間能有甚麼關係呀？

伯利茲藍洞與瑪雅文明的中心之一洪都拉斯處於同一地區。每當雨季來臨，雨水會不斷沖刷當地的火山岩，岩石中的一些元素會被沖刷到伯利茲藍洞裏。

科學家從伯利茲藍洞的沉積物中發現，在公元 800 至 1000 年間，一些元素的量變化非常小，這說明當時的降水量非常少，而此時正值瑪雅文明衰落的時期。

我要走了，等我通過入班測試再來給你普及藍洞知識。

只要通過了測試，我就能去伯利茲藍洞潛水啦！

你一定要成功啊！

我回來了……

我被潛水班教練無情地拒絕了。

啊？

因為身體素質不過關？

因為沒錢。

從現在開始，我每天存 2 元，50 年後我就能去潛水了！

伯利茲藍洞形成於冰河時代末期，它是淡水和海水交相侵蝕形成的石灰岩溶洞。後來氣候變暖，冰雪消融，它就變成了水下洞穴。幾千年來，伯利茲藍洞就像一個巨大的沉積物收集器，而科學家正是通過它裏面的沉積物，找到了有助推測瑪雅文明走向衰落的原因 —— 持續的乾旱。許多學者認為正是持續的乾旱導致了饑荒和動盪，致使瑪雅文明走向崩潰。

海底為甚麼會形成火山？

快找救生衣！

出甚麼事了？

這片海的下面有火山！

海底怎麼會有火山呢？

火山是地殼運動的產物，主要分佈在板塊交界處，大洋中脊和大洋邊緣的島弧地帶分佈着大量的海底火山。

巨大海底火山大塔穆火山就位於大洋中脊，它的面積比新西蘭還大。

要是火山噴發了肯定會引發海難，我們得趕緊準備。

我記得充氣救生衣放在那個箱子裏了。

啊哈！

可惜這件救生衣沒氣了。

沒事，我吹！

快聽！這聲音分明是火山噴發前的響聲啊！

不好意思，我剛才忘了吃早飯了。

一頓不吃，用得着發出這麼大的響聲嗎？

說我幹嗎？有本事和我的肚子說理去！

大塔穆火山位於太平洋西北部，形成於 1.45 億年前，它噴發最激烈的時候是侏羅紀末期，當時地球發生了一次大規模的生物滅絕事件。大塔穆火山的體形又矮又胖，這可能跟它的形成機制有關。一般來說海底火山要麼是海底擴張過程中形成的隆起結構，即大洋中脊；要麼受到地幔深處熱點的影響。大塔穆火山可能是在這兩種機制的共同作用下產生的，所以它才如此巨大，這種情況非常罕見。

海火是怎麼產生的？

船長！發現植物鎮的船隻了！

真的嗎？

趕緊追上去，開炮打他們！

糟糕，植物鎮的船不止一艘，有五艘呀！

趕緊掉頭，別被他們的炮彈擊中了！

開炮！

轟轟

嗙

快轉舵！

是！

真討厭，遇到植物，沒好事！

還是有好事的，你看這些魚都是被他們炸到船上的！

為甚麼我老是敗給植物呢？

海裏有幽靈！

甚麼幽靈啊，那是海火。

海火是甚麼？

海火是一種海洋發光現象，可能是由海水劇烈波動，刺激到發光的海洋浮游生物引起的。

我聽說，有的船員會利用海火來識別航行標誌和暗礁。

我們的導航系統在今天的戰鬥中受損了，這海火正好能派上用場！

你看，海火好像正在指引我們呢！

老天爺還是挺眷顧我的！

植物鎮新開發的「誘敵海火」真好用，他們果然上當了！

我恨海火！

海火是一種複雜的自然現象，如何形成是一個謎。目前已知的海火有三種類型：火花型海火，它由發光浮游生物引起，當海水受到擾動時，會發出火花一樣的光芒，被看作暴風雨的前兆；瀰漫型海火，它是由海洋發光細菌引起的，總是發出乳白色的光芒；閃光型海火，它是由海洋裏較大的發光生物引起的，比如水母、海綿、會發光的魚類等。

冰島是怎麼
形成的？

我要離開
這裏一個
星期。

去哪兒啊？

火炬樹樁老師要
去冰島考察，他
想帶我一起去。

考察可不是人人都能去的,他帶你去,說明你很重要哇!

那當然,他想讓我負責保障他的人身安全哪!

他想讓你保護他?

不,他想讓我負責給他訂外賣、送點心,保證他不餓肚子。

啊,到處都是冰,難怪叫冰島。

這兒與其叫冰島,不如叫冰火島。

為甚麼?

冰島全境有100多座火山，其中活火山有30餘座，一些火山平均每5年就會噴發一次。

又是冰，又是火，這麼神奇的島嶼是怎麼形成的呀？

我知道！

聽說很多島嶼都是由海底火山噴發的火山灰累積而成的，冰島這麼多火山，肯定也是這樣。

你說的不一定正確喲。

那冰島是怎麼形成的？

冰島的形成原因非常奇特，至今也沒有定論。

有些學者稱，冰島是大陸斷裂漂移而產生的島嶼。也有科學家認為，在冰島地層的深處存在着一個地幔熱柱，它湧出的熔岩導致冰島成為如今的樣子。

還有一種說法和你剛才說的一樣，即冰島是海底的火山噴發形成的。

這麼多說法，哪個才是對的呀？

是呀。

不管是甚麼原因，冰島能成為如今這個樣子，全是大自然的功勞啊。

好，現在我們開始考察吧。

好！

堅果，你在找甚麼呢？

我聽火炬樹樁老師說，冰島有很多溫泉。

對呀，我也聽說冰島的溫泉很有名。

找到啦！

這下得好好泡一泡！

等一等！

冰島是歐洲第二大島嶼,靠近北極圈,它的國土面積僅為 10.3 萬平方公里,卻密密麻麻地分佈着一百三十餘座火山,可以說冰島是建立在火山岩石上的國家。擁有眾多火山的同時,冰島國土面積的八分之一是冰川;它還擁有 200 多座溫泉,是世界溫泉最多的國家,因此又被稱為「冰火之國」。關於冰島的成因,學界一直眾說紛紜,其中最廣為人知的有「大洋中脊形成說」和「海底火山噴發說」。

復活節島上
為甚麼有那麼多
石像？

啦啦啦……

感覺你的心情很好哇。

高堅果今天要回家了，我能不開心嗎？

為了迎接他，我還特意準備了一下呢！

你準備了歡迎派對？

我是早飯、午飯都沒吃，準備好空肚子，等他給我帶好吃的回來！

我回來啦！

歡迎回家！

你有沒有給我帶甚麼特產哪？

當然，我買了你最喜歡的東西！

真的？

我最喜歡的東西……

看！復活節島石像紀念品！

智利的復活節島上，有許多神祕的人形石像。這些石像樣貌奇特，它們的來歷至今是個謎。

您的快遞到了！

堅果，有你的快遞。

終於到啦！

你買了甚麼呀？

你上次帶回來的朱古力太好吃了，所以我又從國外網站買了一些。

這位賣家真好，我買朱古力，居然還送我蘑菇。

真的嗎？

你看。

這是箱子發霉長出來的蘑菇啦！

趕緊扔了，這不能吃。

長蘑菇的是箱子，朱古力是無辜的呀！

復活節島又叫拉帕努伊島，是南太平洋上的一座小島，它以島上神祕的摩艾石像聞名於世。這些石像外形相似，它們大多長臉高鼻樑，眼窩深陷，一雙用貝殼或黑曜石鑲嵌的眼睛十分醒目。這些雕像開始雕鑿於公元 8 世紀，直到 17 世紀中期，因為火山噴發、地震等自然災害停止，可能是用於祭祀，或者是紀念已故的帶領族人來到這座小島上的首領。

島嶼為甚麼會自己旅行？

真是美好的一天哪！

這種天氣，最適合出來釣魚了。

有魚上鉤了！

慘了，這下我們怎麼回去呀？

不怕，我們可以生火求救。

還好船上有生火工具。

可我們沒有燃料哇。

有它，不怕。

塞布爾島是甚麼地方？

那是位於加拿大東部海域的一座小島。

塞布爾島非常神奇，據說它會自己「旅行」，每年都會朝某個方向移動幾百米，為甚麼會這樣，至今也沒有確切的結論。

要是這座島也能移動，那我們就能回到巨浪沙灘了。

等等，我感覺這個島好像真的在動。

對。

太好了，我們遇到會自己移動的小島啦！

這兩個殭屍居然到現在都沒有發現這座島是假的！

怪就怪我們的偵察站偽裝得太好。

就這樣把他們帶到植物鎮去吧！

為甚麼這座島朝植物鎮港口去了？！

?

　　塞布爾島位於加拿大東南方向，每當大西洋上颳起狂風，它就會開始「旅行」，200 年來，它已經離開原地 20 公里了。除此之外，它還是世界上最危險的島嶼之一，在這裏沉沒的海船多達 500 艘。科學家猜測，這可能跟塞布爾島是由海浪和海流帶來的沖積物形成的有關，島上全是沙子，所以在大風的驅動下容易移動；也因此形成了流沙和淺灘，船隻容易沉沒和擱淺。

馬爾代夫是怎麼形成的？

為了感謝大家這段時間辛苦工作，我買了去馬爾代夫的機票。

太好了！

馬爾代夫羣島可是度假的天堂啊！

我們能一起度假啦！

好朋友，一起走！

萬歲！

由於機票太貴，我只買了一張。

去的人一定是我。

你做夢，是我才對！

我最小，你們都應該讓我去！

友誼的小船，說翻就翻。

誰能答出我的問題，誰就能去。

請問，馬爾代夫羣島是怎麼形成的？

天上掉下來的。

貝殼裏長出來的！

都錯！

馬爾代夫羣島由一千二百餘座珊瑚小島組成，它們有規律地呈線性排列。科學家猜測，這片海域的深處，有一個熱點，它為海底火山噴發提供了岩漿，並且隨印度洋板塊不斷移動，留下了一串印跡。不過也有人認為，它是一條不活動的古洋中脊……

你回答得不錯，就給你了。

太好啦！

哼，原來你在用手機搜索答案！

你這個作弊的傢伙！

加油！加油！

都給我停下！

都是我不好，只買一張機票，讓你們的友誼產生了這麼大的裂痕。

為了你們的友誼，我有一個決定。

你決定再買兩張機票嗎？

我決定這張機票給我自己，這樣你們就不用爭了。

又不是我拿走的！

你還我的機票！

居然打得更兇了呢。

馬爾代夫羣島位於印度洋，它是在火山島基礎上發展起來的珊瑚島，是世界上最大的珊瑚島國。不過它的成因，一直是個謎。目前主要有兩種觀點，一種是地幔柱假說，另一種是古洋中脊說。不過，有科學家對這兩種觀點均提出了質疑，認為印度大陸板塊移動後在這裏留下了深海溝，這些區域洋殼變薄，引發印度洋深處的岩漿噴湧而出，形成了馬爾代夫羣島這樣的火山島鏈。

南極為甚麼會存在不凍湖？

馬上就要去迎接從南極考察回來的科研隊員了，大家都準備好了嗎？

準備好了！

我準備了美麗的鮮花。

科研隊員一定會喜歡的。

我和菜問準備了橫額！

歡迎英雄回家

真棒！

我準備了我最愛吃的東西。

你居然肯把食物送人，真難得呀。

雖然這是三天前的甜點，可我為了科研人員，一直沒有吃掉呢！

聽說這次科研隊員找到了不凍湖？

歡迎英雄回來

是呀！

在南極那麼冷的地方，居然有不結冰的湖水，真是奇特。

一定是外星人在它下面點了火。

你以為外星人要下餃子嗎？

不凍湖的成因至今是個謎。有人猜測這片湖的附近存在鹹水孔，它們會散發熱量，給湖水升溫；同時鹹水孔附近水體失熱，凝結成巨大的冰塊，當冰塊下沉至海底時，就會把深處溫度較高的海水擠上來，最終形成不凍湖。

船進港了！

我想要他們的簽名！

我有好多問題想問科研隊員！

我想和他們合影！

注意！科研隊員要下船啦！

歡迎英雄

小心點，別顛碎了！

因為一些意外，隊員們現在不便和大家交流，請見諒。

南極真是個可怕的地方啊。

三天前的蛋糕都能吃……

你才可怕呢。

南極是世界上最冷的大陸，最低氣溫可達 -90℃，不凍湖在這裏出現，可以説是個奇跡。圍繞着它，科學家提出了多種猜想。有人認為，不凍湖是渦旋導致的。不凍湖深處的海水溫度高於與空氣直接接觸的水表溫度，溫差作用形成了渦旋，渦旋又將深處溫暖的海水捲到海面上，形成了不凍湖。還有人認為不凍湖是太陽融化的，它的冰層相當於一個透鏡，很容易聚熱，從而形成不凍湖。不過不凍湖的成因，仍未有定論。

「死亡冰柱」孕育了地球上最早的生命？

這是甚麼呀？

能量便當！

博士這兩天又通宵研究，我怕他餓肚子，所以親自做了便當。

博士吃了你做的便當，一定能好好休息。

那當然，美味的食物能讓人放鬆。

吃了你做的東西肯定得病，一得病，他就只能休息啦。

博士，我來看你啦！

你來啦。

天哪！

你的眼睛怎麼這麼紅？

這兩天我一直在研究「死亡冰柱」，用眼過度。

「死亡冰柱」是甚麼東西？

它又叫「海洋鐘乳石」，是極地海域的一種神祕的自然現象。

當南北極的溫度降低到一定程度時，海水中的鹽分就會被析出，海水會結冰，並呈柱狀向海底延伸。這條冰柱到哪兒，哪兒的海洋生物就會被凍死。

據說「死亡冰柱」可能是孕育地球生命的搖籃。

我就是為了驗證這說法的正確性。

但你也要愛護你的眼睛啊。

眼睛是挺不舒服的。

聽說，伏案工作久了，必須眺望遠處，看一些美好的事物。

或許我該買些盆栽，沒事常看看。

買甚麼盆栽呀，你想看美好的事物，看我不就行了嗎？

那我情願繼續工作，直到眼瞎。

太傷人了……

「死亡冰柱」是地球南北極發生的一種自然現象，通常是一股高濃度的鹽水導入海洋時形成的，由於溫度極低，圍繞在它周圍的海水能迅速凍結成冰。這些冰看起來像海綿，向海底伸展。有科學家提出「死亡冰柱」現象說明生命起源於海冰，並認為海冰脫鹽的過程，為生命誕生創造了必不可少的環境。但大多數科學家仍然相信，生命起源於溫暖的海洋。

南、北極為甚麼很少發生地震？

歡迎來到植物北極科研站。

太可愛了！

快，幫我們合影。

好。

放心吧，北極一般是不會有地震的。

真的嗎？

南極和北極覆蓋厚達 3 公里以上的冰蓋，有科學家認為這是南、北兩極很少發生地震的原因。厚重的冰蓋產生巨大的壓力，使冰層底部呈熔融狀態，同時分散和減弱了地殼的形變。

啊，又開始晃了！

既然不是地震，地面為甚麼晃得這麼厲害呢？

因為這裏有一股來自荒原的野性之力。

聽起來好玄呀。

說白了就是這些無聊的北極熊，牠們每天都會過來搖一搖。

……

鑽個桌子也能卡住，真服了你了。

用力！

南極大陸和格陵蘭島幾乎沒有發生過地震，這一奇特現象是地質學界的一個未解之謎。對此，科學界的主流觀點有兩個：一是巨大的冰蓋產生的壓力，與地層內部構造所產生的擠壓力達到了平衡，因此地殼表層不會發生彎曲和傾斜，也就不可能產生地震；二是依據板塊構造學説，板塊間交界的擠壓錯動常常引發地震，而南北極區域都是完整的構造板塊，並沒有板塊交界，也就不可能發生地震。

威德爾海
為甚麼被稱為
「南極魔海」？

南極 威德爾海

晴空萬里，
真是航行的
好天氣呀。

老天爺，一
定要保我平
安哪。

你神神道
道地說甚
麼呢？

我們現在在威德
爾海，你知道這
片海域被人叫作
甚麼嗎？

甚麼？

南極魔海！

威德爾海北部一到夏季就會出現大規模的流冰羣，船隻行使在其中非常危險，要是再遇到浮動冰山，倖存的概率非常小。

為甚麼這片海洋這麼詭異呢？

沒有人知道，所以才會被稱為「魔海」呀！

希望我們能平安離開這片海域。

放心吧，有我這個福星在，一定平安！

唰啦！唰啦！

藍天

已經被困了這麼久了，甚麼時候才能出去呀！

最後一盒罐頭也吃完了。

就算被困死在這兒，我也想先飽吃一頓再死呀。

甚麼味道？

是紅燒牛肉味！

是從船長的休息室裏飄來的！

64

是紅燒牛肉味杯麵！

你有杯麵，都不分給我們吃！

船長！有辦法出去了！

那好像是植物的極地考察船。

我們可以向植物求救！

有救啦！

雖然很丟臉，但也沒辦法。

不過我們從前總是跟植物過不去，他們會救我們嗎？

只要我們送他們一個禮物，他們肯定會答應的。

我們船上有這麼值錢的禮物嗎？

當然有啦！

親愛的植物，感謝你們不計前嫌救了我們。

這是我們送給你們的禮物，還請你們收下。

居然把我當禮物，你們這些叛徒！

危難時獨食的人才沒資格說我呢。

威德爾海位於大西洋最南端。它深入南極大陸，常年被厚厚的堅冰覆蓋，全世界大洋底部的冷水有一大半源自這裏。這片海域令許多船員聞風喪膽，來到這裏的船隻都小心翼翼，因為一旦陷入流冰羣和巨大的冰山，就可能永遠都出不來。除此之外，關於威德爾海有魔力的傳說源於人類對這片海域的不了解。這裏是南極大陸最後一塊原始區域，關於它的構造、生物有許多尚未解開的謎團。

為甚麼電磁波在「寂靜之地」會消失?

終於中獎啦!

真不容易呢。

是呀,能中獎太不容易了。

我是說你的同伴,為了中大獎喝成這樣,真不容易。

這是你們的獎品,「山中豪華別墅免費度假券」兩張。

還有多久才能到？

快了。

根據獎券背後的地圖提示，我們再爬 99 級台階就到了。

歡迎你們來到豪華別墅！

來來來，快請進吧。

不會吧，這就是豪華別墅？

感覺被騙了。

呃……

請問這兒多久沒住過人了？

也沒多久。

距離上一次有人來，也就半年吧。

這兒一點信號都沒有，簡直和墨西哥的「寂靜之地」一模一樣！

「寂靜之地」是甚麼地方？

那是墨西哥北部杜蘭戈州的一片神祕地帶，據說到了那裏，電子設備就會失靈。

有人猜測在這個位置，地核可能更接近地表，從而產生了一個強大的磁場，導致電磁波消失。

這兒是山頂，自然沒信號啦。

那跟「寂靜之地」沒甚麼兩樣嘛！

「寂靜之地」的環境可比這裏惡劣得多，那裏是一片荒漠，不但經常漫天風沙，還有很多蜥蜴和毒蛇。

山上雖然沒有信號，但景色好。

既然上來了，我們就在這兒住兩天吧。

好吧。

你們願意留下，實在太好了。

這個給你們，好好休息吧。

給我們傘幹嗎？

山上天氣多變，晚上經常下雨。

我們晚上應該不會出門。

還給你。

你們還是留着吧。

就算不出門，你們也會需要它的。

明天一定要下山。

我也是！

兩位昨晚睡得好嗎？

你覺得呢？

「寂靜之地」與百慕達三角、埃及金字塔處於同一緯度，這裏擁有世界上第二大的鐵礦牀。從 20 世紀起，就先後有神祕事件從這裏傳出。先是有勘探工程專家發現衛星遙測系統等電子設備在這裏失靈，又有人稱火箭墜毀此地後雷達顯示屏幕一片空白……到底是甚麼原因造成這些事故至今是個謎。有科學家提出「磁場說」，認為這裏離地核更近，從而產生了更強大的磁場，但還需要更多的科學證據才能證實。

東非大裂谷是
怎麼形成的？

你的額頭怎麼破了？

嗚嗚嗚，都怪菜問。

踢球的時候，他讓我守門，後來……我就變成這樣了。

他把球踢到你的臉上了？

沒有，是我為了躲菜問的球撞到門柱上了。

別動。

我臉上會留疤嗎？

放心，不會的。

要是我臉上留疤，我肯定找菜問算賬。

就算有疤也沒甚麼大不了的，連地球都有疤呢。

地球也有疤嗎？

東非大裂谷就是「地球傷疤」呀。

東非大裂谷是地球陸地上最長的斷裂帶，從太空上看，東非大裂谷就像是地球上的一條巨型傷疤。

東非大裂谷位於非洲大陸板塊和印度洋板塊交界處，它全長 6400 公里，呈不規則的三角形。

東非大裂谷沿途分佈眾多湖泊和火山羣，世界第二深的淡水湖泊坦噶尼喀湖和非洲最高的山乞力馬扎羅山就位於此。

有很多科學家都在研究東非大裂谷是怎麼形成的，但至今還沒有定論。

你是不是幫我包紮過度了？

為甚麼大家都在看我？

嗚嗚嗚……

你怎麼了呀？

大家都像看怪物一樣看我。

一定是因為我額頭上的疤。

你額頭上有疤嗎？

上次和菜問踢球，我傷了額頭，雖然高堅果說不會留疤，但我有點不相信。

你別哭了。

你抬頭讓我看看。

不要！太醜了！

你沒疤的時候也就那樣，別擔心啦。

我錯了，我再也不那樣說你了，你就抬起頭讓我看看吧。

果然，別人盯着你看是有原因的……

我就知道，肯定留疤了！

你嘴邊為甚麼全是黑芝麻？

我早上吃了黑芝麻湯圓。怎麼樣，現在舔乾淨了吧？

還剩一半。

?

東非大裂谷大約形成於 3000 萬年前，形成原因一直是地質學界研究和爭論的焦點。目前比較主流的解釋是，它是非洲板塊和印度洋板塊張裂拉伸的結果。這一地區的地殼在 3000 萬年前整體抬升，地殼下的地幔物質上升分流，產生巨大的張力，使地殼大斷裂，形成裂谷。抬升運動不斷進行，東非大裂谷不斷擴張和下陷，漸漸形成了現在的樣子。

朱古力山是怎麼形成的？

你見到武僧普通殭屍了嗎？

他出去旅遊了，你不知道嗎？

他說要去甚麼朱古力山。

世界上有朱古力做的山嗎？！

我聽武僧普通殭屍說，菲律賓的保和島就有座朱古力山。

你找他幹嗎？

上次他送給我一些好吃的，功夫氣功殭屍讓我也送點東西作為回禮。

他好幾天後才回來呢，這些東西不如送給我吧。

行啊。

這是功夫氣功殭屍特製的發毛臭豆腐，你慢慢享用吧。

我回來啦。

喂喂喂，我回來啦。

這些山長得真像朱古力呀。

這是哪兒啊？

菲律賓的朱古力山。

它們是真的嗎？

當然是真的，書上說每到 2 到 5 月，菲律賓進入旱季，朱古力山上的野草就會被曬成朱古力的顏色，朱古力山因此得名。

朱古力山還有一點非常奇怪，那就是山上只長草不長樹。地質學家認為，這可能是因為朱古力山是海裏的島嶼上升形成的，

它的岩石是珊瑚岩層和不透水的黏土層，不適合樹木生長。

要是你不相信它是真的，不如我們一起去實地考察一下？

你是想讓我出錢買機票，帶你去旅遊吧？

你會滿足我這個小小的願望嗎？

其實也不是不可以。

不過，你得幫我做件事。

沒問題！

幫我嚐一下這盒朱古力吧。

這就是你說的條件？

小意思。

很好，那傢伙果然是想和我和解。

誰呀？

菲律賓的保和島上有 1000 多座圓錐形的山，這些山只長草不長樹，而且一到旱季，山上的草就會變成朱古力色，遠遠望去就像朱古力一樣。這些奇特的山究竟是怎麼形成的，有人認為它們是一座古老的火山噴射出的岩石，後來被石灰石覆蓋，最後在海牀抬升作用下形成的；也有人認為它是海底的一座小島隆起形成的；還有人認為它是石灰岩風化形成的。

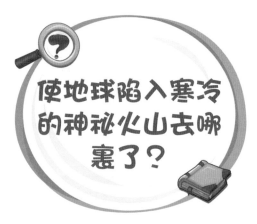

使地球陷入寒冷的神祕火山去哪裏了？

博士，你找我呀。

是呀。

我要出遠門了，有件事需要拜託你。

你要去哪兒？

尋找一座消失的火山！

五百多年前，有一座神祕的火山噴發了，之後許多國家陷入寒冷和饑荒，科學家猜測它可能跟全球氣候巨變有關。

可如今，竟然沒有一個科學家找到這座火山。

這麼神奇呀？

要是我能找到，就可以名揚天下啦。

那你要交給我的任務是……

這是我實驗室的門卡，現在交給你。

沒想到博士這麼信任我，居然讓我看管他最寶貝的實驗室！

未來殭屍明天就會回來了，你把它轉交給他。

你一定要叮囑他，看管實驗室的時候注意安全。

我走了！

走好！

不就是個實驗室嗎，我也能看好。

我要向博士證明，我不比未來殭屍差！

未來殭屍！你快來幫博士看管實驗室呀！

　　1465 年，一座神祕的火山噴發了，之後人類經歷了幾個世紀以來最寒冷的十年。儘管在世界各地找到了這座火山噴發的大量遺跡，卻始終找不到它的具體位置，也不知道它的名字。有人提出南太平洋有一個古老的大陸塊，它的中央有一座巨大的火山，可能就是這座「肇事」火山，但後來證實它的噴發時間與神祕火山的噴發時間相差了 30 多年。也有科學家認為，這座火山可能位於太平洋的島弧區域，並且早已沉入水下。

撒哈拉沙漠
曾經是綠洲嗎？

你在幹嗎？

研究沙漠地圖。

我要去沙漠裏尋寶。

沙漠裏能有甚麼寶貝呀？

要是我能像德國探險家巴爾斯一樣在沙漠裏發現史前壁畫，那我就發財啦！

1850 年，德國探險家巴爾斯來到撒哈拉沙漠進行考察，無意中發現岩壁上刻有鴕鳥、水牛及各式各樣的人物圖像。

考古學家根據壁畫推測，這些人應該是很早之前生活在撒哈拉地區的遊牧民族。

可是撒哈拉是沙漠，怎麼會有水牛呀？

那裏不是一直都是沙漠，歷史上經歷多次森林和荒漠的交替。

最近的一次發生在公元前 70 世紀，由於地球公轉軌道發生變化，令季風吹到撒哈拉沙漠，形成了短暫的「綠色撒哈拉」時期。

對了，我想借一下你的機器牛。

你用它幹嗎？

沙漠這麼大，有了機器牛，我就不用自己辛苦走路啦。

牛在這兒。

但我還是建議你不要帶它去沙漠。

為甚麼？

沙漠中不適合騎它呀。

我看你是不想借給我吧。

沒事，到哪兒去都適合騎牛！

這個給你。

給我藥膏幹甚麼？

燙傷

有備無患哪！

撒哈拉沙漠壁畫發現以後，人們對撒哈拉沙漠的過去有了全新的認識，甚至有人提出 8000—10000 年前，這裏曾是人類和動物的樂土。那時撒哈拉沙漠的許多地方，遍佈着濕地、草原甚至森林，人類也定居於此，甚至發展出了發達的農業文明。但是到了公元前 3400 年左右，撒哈拉的乾旱程度已經和現今差不多了，大多數地方沙漠化，人類也逐漸退居到河谷和綠洲地帶。

「撒哈拉之眼」是
怎麼形成的？

這是我第 108
次實驗，這一
次我一定會成
功的！

你真的要試嗎？
我覺得你改裝的
噴射器很危險
哪！

危險也
要試！

發射！

飛得好高！
我成功啦！

糟糕，我又
失敗啦！

啊！

來，笑
一個。

真過分，我都這樣了，你還拍照。

你這造型難得，不拍可惜啦。

未來殭屍說你一直在改裝噴射器？

是呀。

只有飛得足夠高，我才能看到壯觀的「撒哈拉之眼」。

「撒哈拉之眼」位於撒哈拉沙漠西南部，形狀像一個巨大的同心圓。它的形成原因非常神祕，至今沒有定論。

可我聽說，只有飛到宇宙中才能看清「撒哈拉之眼」的全貌，光憑飛行器，應該不行吧？

看樣子，你不知道這個情況啊。

我的夢想破滅了！我不想活了！

快給我拿好吃的來，我撐死自己得了！

看在我們是朋友的份上，我就幫你一次吧。

等你好了，我們一起研製宇宙飛船怎麼樣？

太感謝你了！

經過夜以繼日的努力，宇宙飛船終於研製成功了。

噴射器舞者殭屍也將完成心願。

「撒哈拉之眼」真壯觀哪！

在哪兒？

就在那兒啊！

我忘記戴眼鏡了，甚麼都看不清。

我有眼鏡，借一次 1000 元，你要不要？

你這是訛詐！

「撒哈拉之眼」位於非洲撒哈拉沙漠西南部的茅利塔尼亞境內，直徑達 48 公里。起初該地形被認為是隕石碰撞形成的，但是它的內部地勢平坦，科學家也沒有找到隕石撞擊過的證據；又有人認為它是火山噴發堆積而成，不過同樣沒有找到充足的證據。目前，地質學家普遍認為，它可能是由地質結構上升與侵蝕作用共同形成的，不過它為甚麼這麼大這麼圓，至今仍是一個謎。

阿塔卡馬沙漠的礦石是如何生成的？

最近怎麼沒見榴槤？

他去阿塔卡馬沙漠研究去了。

荒涼的沙漠有甚麼可研究的？

聽說那裏發現了種神祕的礦藏，他就加入了研究小組。

阿塔卡馬沙漠位於南美洲西海岸中部，是地球上最乾燥的地方之一，年平均降水量只有 0.1 毫米，曾經有過 91 年沒有下過一滴雨的記錄。

那裏被稱為「不毛之地」，怎麼會有神奇的礦藏？

榴槤說這些礦石的成分像是「天外來客」，科學家正在試圖弄清它們的來歷。

榴槤一走，我覺得挺寂寞。

你可以養寵物呀。有寵物做伴，你就不會感到孤單了。

幾天後

真奇怪。

怎麼了？

我每次給我的
寵物狗餵東西
的時候，牠都
會逃走。

你是不是對牠
大聲嚷嚷，讓
牠害怕了？

怎麼可能！

每次我都面帶
笑容，溫柔地
對牠說話。

你是怎麼說的？

我示範一下，你看着。

小可愛，到吃飯時間了，嘿嘿嘿……

狗沒被你嚇死，算牠命大。

一定要戴着牠才能餵食嗎？

必須戴。

阿塔卡馬沙漠被稱為「地球旱極」，科學家在這裏發現了一些奇特的礦石，這些礦石含有這片沙漠中從未發現過的元素，或這片沙漠以外從未被發現過的元素，它們究竟是怎麼形成的，一直是個謎。目前，對這些礦石的來源有三種猜測：一，這些物質是由50公里以外的太平洋的海洋飛沫帶來的；二，這是大氣中的氮與鹽和塵埃發生反應的結果；三，它們是從安第斯山脈流入沙漠的地下水攜帶而來的。

「仙女圈」是精靈的傑作嗎？

你這是要去哪兒啊？

我和向日葵約好一起去看「仙女圈」。

「仙女圈」？它是跟麵包圈一樣好吃的點心嗎？

才不是呢！

「仙女圈」是非洲西南部的納米布沙漠上的一種神祕現象。

在納米布沙漠邊緣，分佈着數百萬個神祕怪圈。這些怪圈內部寸草不生，四周卻環繞着耐旱的植物，為甚麼會這樣至今是個謎。

我也想去，說不定是精靈留下的腳印呢？

你真是異想天開！說是精靈幹的，還不如說是白蟻幹的靠譜呢。

可白蟻那麼小，這幾百萬個「仙女圈」加起來面積很大呀？

你可別小瞧白蟻，牠們可是生態工程的高手。

有科學家認為「仙女圈」是白蟻造成的，但又沒有在此找到蟻巢。還有人推測「仙女圈」是因土壤養分存在差異導致的，甚至有此處土壤含有毒氣體的說法，不過這些結論都沒有被證實。

啊，真的好神奇呀！

豌豆射手，我們來拍照吧！

好！

你們背着袋拍照不方便，我來替你們看着吧。

謝謝你了！

袋就放這兒了。

哦！對！

掛把鎖，以免你偷吃裏面的東西。

我帶了自拍棒!

自拍棒就那麼一點兒長,拍不了全景。

拍到啦!

噗!

現在的拍照神器真多呀。

是呀。

等等,你嘴裏的東西哪兒來的?

從你袋裏拿的。

在非洲西南部沿海的荒漠地帶，分佈着數百萬個「仙女圈」。這些「仙女圈」會不斷生長，在直徑 12 米左右時穩定下來，然後逐漸衰落，直至消失，它們的壽命在 30—60 年。「仙女圈」是如何形成的，一直困擾着科學家們，在眾多猜測中，最受關注的主要有兩個：一是認為當地的白蟻以草根為食，使圈內沒有植物；二是認為植被之間的水源競爭形成了「仙女圈」。

粉色的湖泊是怎麼形成的？

努力幹活，努力存錢！

你最近工作很認真，我很滿意。

這個給你。

謝謝您給我獎金。

這不是獎金，是採購清單。

誇我又不給我獎金，害得我空歡喜一場，博士真討厭！

這樣下去，我甚麼時候才能存夠錢去澳洲呀？

你去澳洲幹嗎？

去看粉色的玫瑰湖呀。

別吹牛了，這世界上哪兒有粉色的湖！

有！

澳洲有座希利爾湖，它的湖水是粉色的。

希利爾湖位於澳洲西部，它的湖水呈現出粉色玫瑰一樣的顏色，引來眾多遊人駐足觀賞，但是它的成因卻是一個謎。

等我看完這些說明書，我們就能啟動它了。

這要到猴年馬月呀！

有沒有更簡單的方法？

有！

我那兒還有一架融合了古人智慧的經典飛行設備。

那東西操作起來非常簡單，而且能飛得很高。

那我就選它了！

好，我要準備啟動了！

等一等，我突然有點後悔了。

後悔甚麼呀，這飛行設備多好哇！

還是命比較重要，我不去澳洲了！

別跑哇！

?

　　粉色的湖泊並不罕見，比如澳洲的荷里亞湖、塞內加爾的玫瑰湖、西班牙的托雷維耶哈鹽湖，等等。這些湖都是鹽湖，科學家們在它們的湖水裏發現了一種嗜鹽藻類，這種藻類在高溫乾旱季節會大量繁殖，它們體內所含的 β - 胡蘿蔔素會使湖水變成粉色。還有人認為，希利爾湖中存在一種嗜鹽微生物，它吸收了某些波段的可見光，致使湖水變成粉色。不過這些猜測仍有爭議，希利爾湖的變色原因至今不明。

地球上的謎團

地球是人類唯一的家園，但是我們並不十分清楚這個家是怎麼建造起來的，也不知道在建造之初它是甚麼模樣。這是因為地球已經誕生 46 億年了，在它誕生之後經歷了數不勝數的風化侵蝕、火山噴發和板塊漂移，形成之初的痕跡早已被抹去，要探明地球是怎麼形成的並不是一件容易的事。

關於地球的起源有許多假說，主要分為三派。第一派是分出說，它認為形成地球的物質來自太陽，這一派的代表是爆炸說和拋出說。但分出說學派對地球形成的具體過程存在分歧，有人認為地球是在彗星碰撞太陽的過程中分離出來的；也有人認為曾經有一顆恆星非常靠近太陽，它具有強大的引力，把一部分物質從太陽上拽了出來，並形成了行星。不過銀河系中兩個恆星相遇的概率很低，而且從太陽上分離出的物質溫度很高，很容易擴散，難以形成行星，總的來說這一派還需要提供更多的證據才能令人信服。第二派是俘獲說，它認為太陽先形成，形成之後依靠強大的引力，俘獲了附近殘留的塵埃、岩石等星際物質，進而形成了行星。不過這一學說也有漏洞，就是為甚麼這些星際物質沒有參與太陽的形成。第三派是星雲說，它認為 50 億年前銀河系中有一個巨大的星雲，太陽和太陽系中的行星都是由這個星雲形

成，星雲的中心部分形成了太陽，外部物質形成了行星和衛星，目前學界最認可這個學說。

人類對地球內部結構的認識也經歷了漫長的過程。最初人們還以為地表以下全是岩石，直到 19 世紀末，一位德國科學家發現，通過力學公式計算出的地球總密度遠遠大於岩石的密度，這說明地球的內部不僅僅是岩石，還有其他的質量更大的物質，地球的結構可能比想像中更加複雜。地球的半徑將近 6400 公里，但是目前人類鑽井技術最深也只能達到 12 公里，根本無法企及地球內部，對地球內部結構進行觀測困難重重。幸運的是，科學家發現通過觀測地震波的傳播規律，可以推算地球內部的結構。地震波是地震時產生的波，通過觀測天然地震和人工地震的地震波傳遞規律，科學家發現原來地球並不是鐵板一塊，它是由多層同心球層組成的，從外到裏可以劃分為三層：地殼、地幔和地核。

最外層的地殼很薄，平均厚度約 17 公里，內層的地幔和地核很厚，約佔到固體地球體積的 98.4%。地幔和地核是地殼運動、海陸形成等地質活動的幕後推手，但是我們對它們的認識卻很少，尤其是地核，它深藏於地表 2900 公里以

下，更是隔絕了一切可以一窺究竟的通道。

我們現在知道的是，地核位於地球的中心，它的半徑為 3470 公里，主要物質是密度很大的鐵和鎳，質量約佔地球質量的四分之一。地核包含固態內核、液態外核和介於二者之間的「糊狀層」三部分，固態內核的溫度高達 6000℃左右，液態外核的溫度在 3000℃左右，它提供的熱是維繫地球生命的關鍵要素之一。科學家對「糊狀層」的情況不甚了解。有科學家認為，這個「糊狀層」均勻地存在於內核表面；也有科學家認為，它並不是均勻分佈的，只存在於內核的局部區域，可能是在地球內核凝固過程中產生的，這一層處於固液共存的狀態，就像被燉爛的薯仔一樣。至於它的作用更是一個謎，還有待更多的研究去探明。

　　地球的磁場大約形成於距今 42 億年前（另有說法是形成於距今 34.5 億年前），它就像是地球的保護傘。因為它的存在，地球的大氣圈避免了被太陽風掠去的厄運，同時大部分紫外線被阻擋在地球之外，飛機、輪船、生物也不會迷失方向。然而，地球的磁場是如何產生的，卻是一個一直困擾着科學家的謎團。

　　科學家就這個問題提出了許多假說。早期，有人認為地球內部存在一個巨大的永磁體，它導致了地球磁場的產生。但根據居里夫人的研究，當磁石的溫度升高到 770℃ 時，磁石的磁性就會消失，這個溫度也稱為「居里點」或者「居里溫度」。地核的溫度高達 3000℃ 以上，那永磁體怎能存在呢？於是，這一觀點不攻自破。不過，這並不排除地球磁場形成之初地球內部曾存在過永磁體。還有人認為地球內部存在巨大電流，它導致了地球磁場的形成，不過科學家至今也沒有發現這個傳說中的巨大電流。目前，獲得最多支持的觀點是「發電機學說」，它認為地核的主要成分是鐵和鎳，鐵和鎳具有導電性，地球外核又呈液態，因此當地球自轉時這些導電的液態物質也會隨之運動，由此產生持續穩定的電流，電流作用形成了地球磁場。不過這一學說也存在尚未解

決的難點，還需要找到更多的證據。

　　關於地球磁場的謎團並不只有它的起源，還有地球磁場逆轉現象。科學家發現，地球磁場自誕生以來，已多次發生磁南極和磁北極位置 180° 逆轉的現象。這種逆轉，沒有明確的周期規律，有時候是幾十萬年，有時候是上百萬年，逆轉的具體過程目前也不甚明了。科學家認為地球磁場的逆轉跟地球磁場強弱有關，當地磁衰弱到一定程度就會發生磁極倒轉，不過這個過程可能非常緩慢。地球磁場逆轉過程中，可能會對生物造成一定的傷害，比如強烈的紫外線會灼傷地球上的生物，鴿子等靠地磁場辨別方向的生物也會因此迷失方向。不過多數學者認為，地球磁場逆轉並沒有想像中那麼可怕，它的影響是可控的。

極光是發生在地球南、北兩極及附近高緯度地區的自然界奇觀，在南極發生的叫南極光，在北極發生的叫北極光。從地球上看極光，它的形態千變萬化，有時像一條彩帶，有時像一團火焰，有時像一個巨大的銀幕，有時又像一個圓弧，而且顏色豐富多彩，紅、橙、黃、綠、青、藍、紫都曾出現過。從太空看極光，它的形狀呈卵狀，而且非常耀眼。不過，如此美妙的極光隱藏着許多謎團。

極光究竟是怎麼形成的，這個看似簡單的問題卻難倒了很多科學家。最初，有人認為它是地球外燃起的大火；也有人認為它是極地冰原反射的光；還有人認為它是太陽發射的光束，被地球磁場攔住後四處擴散，在進入磁極附近的大氣層時釋放的強烈光芒。隨着科學家對極光和地球磁場的研究愈來愈深入，這些觀點都被一一否定。最新的觀點認為，極光的形成跟大氣、磁場和高能帶電粒子流有關。從外太空到達地球的高能帶電粒子，受到地球磁場約束，只能沿着地球磁力線做螺旋運動，大部分粒子都被輸送到兩極，高能帶電粒子從極地上空衝向地球時，與大氣分子發生撞擊，從而激發出的光芒。除了地球之外，太陽系中還有一些具有磁場的行星也會發生極光現象，比如木星。木星的質量很大，它的

磁場比地球的磁場強度更大，因此極光更加強烈和絢爛。

伴隨着極光還有一個奇特的現象，就是空中會發出類似「劈啪劈啪」的爆炸聲。科學家在觀測北極極光的時候，曾在

距離地面 70 米的空中，聽到了這種含混不清的爆炸聲，不過這種聲音來源於哪兒至今仍不明確。極光現象涉及物理學科的很多方面，相信隨着科學技術的發展，人們會愈來愈接近真相。

從遙遠的太空看地球，地球是一顆藍色星球，它表面 71% 的面積被海洋覆蓋着，海水佔地球總體水資源的 97%。然而在地球形成之初，它的表面既沒有堅硬的地殼，也沒有水，只有炙熱而黏稠的熔岩海。此時的大氣圈幾乎沒有氧氣，只有氮氣、二氧化碳和水蒸氣，令人窒息。那麼，今天這麼多的海水究竟從何而來？海洋是怎麼形成的呢？其實，這也是科學家們一直想解開的謎團。

有科學家認為，地球上的水也許來自地球之外，是撞擊地球的彗星攜帶而來的。地球形成之後，曾遭受太陽系形成時產生的碎片的攻擊，這些攜帶了大量冰塊的彗星，持續轟炸了地球 2000 年，給地球帶來了孕育生命的可能。這些冰塊融化成水，聚集在地表，使地表溫度降低，推進了地殼的形成，進而形成了海洋。還有科學家認為，地球上的水最初是以水蒸氣的形式存在的，當地球逐漸冷卻下來後，水蒸氣以塵埃和火山灰為凝結核凝固成水，變成雨降落到地表。降水使地表進一步冷卻，愈來愈多的水蒸氣變成了雨降落到地面，這場大雨持續了很久，幾千年甚至幾百萬年，使地表變成汪洋一片，形成了原始海洋。還有人認為，地球上最早的水是以結晶水、結構水等形式貯存在礦物與岩石之中的，隨

着像火山噴發這樣的地質活動，礦物和岩石中的水分釋放出來，成為海水的最早來源。不過這一說法受到許多質疑，如果岩石和礦物中的水是海水的來源，那麼太陽系中的其他由岩石構成的行星，為甚麼沒有出現海洋呢？

另一個關於海洋的謎團是海水會不會愈來愈鹹。海洋形成之初，海水並不是鹹的，而是酸的，這是因為最早的地球大氣中含有大量的氯，它溶解在水中會使水呈酸性，如果地球上的海洋是那場持續了幾千年甚至幾百萬年的大雨形成的，那麼海水自然是酸性的。酸性的流水遇到岩石時，會將

它們所含的鈉溶解出來，氯和鈉一相遇立刻變成了鹽，數億年後，海水變成了大體均勻的鹹水。時至今日，匯入海洋的水流依然沖刷着岩石和土壤，帶來各種鹽類物質，人們不免擔心海水會不會愈來愈鹹。不過，也有科學家提出了相反的觀點，海水不會變鹹，反而會變淡。他們認為，陸地上的鹽類物質進入海洋，達到一定濃度後會結合為不溶的化合物。這些化合物有的可以澄清海水，減少海水中的雜質；有的會被海水帶到岸邊，成為海鹽。由此看來，海水是變鹹還是變淡，是一個複雜的問題，還需要更多的觀測和研究。

？ 海底玻璃是怎麼來的

玻璃是我們日常生活中不可或缺的材料，我們用的水杯、各式各樣的門窗及茶几等很多物品，都是由玻璃製成的。普通的玻璃，通常是由無機礦物，如石英砂、重晶石、石灰石等燒製而成的。但是有一種存在於深海之下的玻璃，面積巨大，科學家正為它是如何形成的冥思苦想呢。

這種被稱為「海底玻璃」的物質含有普通玻璃的成分二氧化矽、矽酸鈉和矽酸鈣等，但是它的耐熱性更好，也更穩定，還含有許多金屬元素。幾公里的深海之下，怎麼會形成玻璃物質呢？首先排除了人為製造的可能，這些玻璃的

體積太巨大了，人類的科技水平還無法製造出來。有科學家認為，這些海底玻璃或許是海底的玄武岩在高壓作用下，與海水中的某種物質發生作用形成的。不過這一設想很快被否定，科學家用海底玄武岩做實驗，發現即使在 400 個大氣壓下，也沒有形成玻璃物質。另外一些科學家認為，體積巨大的海底玻璃可能和月球或小行星撞擊地球有關，撞擊過程中產生的高溫高壓使接觸面熔化，溫度降低之後形成了玻璃質岩石，最終下降到了海底。還有人提出，這些海底玻璃是海底火山噴發的結果，噴發的岩漿如果不能快速冷卻，一些結晶物質就變成了玻璃結構的岩石。

　　博蘇姆推湖位於非洲西部的加納共和國，是加納唯一的自然湖泊。它的形狀非常奇特，表面直徑寬達 7000 多米，湖底卻只有 70 多米，湖的四壁向中心陡然傾斜，就像一個圓錐形的漏斗。博蘇姆推湖的四周被茂密的雨林圍繞着，它在當地人心中具有非常神聖的地位。

　　看到這個世界罕見的圓錐形內陸湖泊，人們自然對其形成原因非常好奇，但是卻一直沒有找到滿意的答案。有人曾

經提出，它是由隕石墜地引發的爆炸所致，或者是火山噴發所留下的火山口湖。然而，地質學家經過嚴密調查，並未在這個地區發現任何隕石墜落的跡象，甚至連隕石的碎片都沒有找到，而且這裏在地質史上也沒有過火山活動的記錄。另外還有一種推測，博蘇姆推湖是一個人工湖。但是，人工挖掘一個直徑 7000 多米的湖泊，並且邊緣幾乎看不出凹凸跡象，在過去幾乎是完全不可能的。目前，博蘇姆推湖的成因仍是個謎，等待着大家的研究和探索。

責任編輯：華田
裝幀設計：龐雅美　鄧佩儀
排　　版：楊舜君
印　　務：劉漢舉

植物大戰殭屍 2 之未解之謎漫畫 02
——地理未解之謎

編繪
笑江南

出版
中華教育
香港北角英皇道 499 號北角工業大廈一樓 B
電話：（852）2137 2338　傳真：（852）2713 8202
電子郵件：info@chunghwabook.com.hk
網址：http://www.chunghwabook.com.hk

發行
香港聯合書刊物流有限公司
香港新界荃灣德士古道 220-248 號
荃灣工業中心 16 樓
電話：（852）2150 2100　傳真：（852）2407 3062
電子郵件：info@suplogistics.com.hk

印刷
美雅印刷製本有限公司
香港觀塘榮業街 6 號 海濱工業大廈 4 樓 A 室

版次
2022 年 8 月第 1 版第 1 次印刷
© 2022 中華教育

規格
16 開（230 mm×170 mm）

ISBN：978-988-8808-14-4

植物大戰殭屍 2 · 未解之謎漫畫系列
文字及圖畫版權 © 笑江南
由中國少年兒童新聞出版總社在中國首次出版　所有權利保留
香港及澳門地區繁體版由中國少年兒童新聞出版總社授權中華書局出版